Schriftenreihe des
Österreichischen Wasserwirtschaftsverbandes
Heft 13

Der Anteil Österreichs an der elektrizitätswirtschaftlichen Gemeinschaftsplanung in Europa

Von

Dipl.-Ing. Dr. **Oskar Vas**
Wien

Mit 13 Textabbildungen

Wien
Springer-Verlag
1948

ISBN-13: 978-3-211-80073-7   e-ISBN-13: 978-3-7091-5520-2
DOI: 10.1007/978-3-7091-5520-2

Sonderabdruck aus „Österreichische Zeitschrift für Elektrizitätswirtschaft", Heft 1/2 und 3, 1948.

Der Gedanke, die Elektrizitätswirtschaften der europäischen Länder nach einem einheitlichen und übergeordneten Plan zusammenzufassen, wurde in den Jahren seit dem Ende des ersten Weltkrieges bei verschiedenen Gelegenheiten und wiederholt diskutiert. Seine Grundlage ist die Tatsache, daß zwischen den Wasserkraftzentren Europas in Skandinavien und in den Gebirgszügen der Alpen—Pyrenäen—Apenninen sich der breite Streifen der mitteleuropäischen Kohlenfelder hinzieht.

So sehr sich die Fachmänner Europas theoretisch für diesen Zusammenschluß erwärmt haben, so wenig ist bisher zu seiner Verwirklichung geschehen. Nur die aus dem Jahrzehnt 1920 bis 1930 stammende 220-kV-Verbindung vom Ruhrgebiet zur Schweiz einerseits und nach Vorarlberg anderseits könnte als der erste zaghafte Versuch gewertet werden, zu einem übergeordneten europäischen Leitungsnetz zu gelangen, wenngleich ihr Zustandekommen vielleicht primitiveren, nämlich wirtschaftlichen Überlegungen der Erbauer zuzuschreiben ist. Immerhin sind in der Zwischenzeit an den Grenzen fast aller europäischen Staaten mehrfache Verflechtungen der zu ihren beiden Seiten liegenden nationalen Netze entstanden, die aber über keine weiteren Räume wirksam sind.

Während des zweiten Weltkrieges ist nun — als Konsequenz der Okkupation Österreichs durch das Deutsche Reich — eine zweite Nord-Süd-Verbindung zwischen den Alpenwasserkräften und der mitteleuropäischen Braunkohle durch die 220-kV-Leitung Ernsthofen—St. Peter—Ludersheim —Remptendorf geschaffen worden. Die Fertigstellung eines dritten — östlichsten — 220-kV-Stranges zur Verbindung des Raumes von Wien mit dem Mährisch-Schlesischen Kohlenvorkommen im Raum von Oderberg ist nicht mehr gelungen; sie bleibt einem österreichisch-tschechoslowakisch-polnischen Übereinkommen vorbehalten, dessen Abschluß bereits eingeleitet worden ist.

Die Querverbindung dieser drei Nord-Süd-Leitungen durch eine Leitung gleicher Spannung darf als Fernziel der österreichischen Netzentwicklung angesehen werden, zu der ein erster Schritt mit der Schaffung der provisorischen 100-kV-Verbindung von Bürs über den Arlberg nach Tirol und vom Zillertal über den Gerlospaß nach Salzburg getan wurde; die in Bau befindliche 220-kV-Leitung von Wien-Bisamberg nach Ernsthofen mit der Fortsetzung durch das Ennstal nach Kaprun gehört zur definitiven Querschiene.

Einen neuen Auftrieb hat der Gedanke einer gesamteuropäischen, den nationalen Belangen übergeordneten Elektrizitätswirtschaft durch die Beratungen erfahren, zu denen sich die europäischen Nationen im Sommer 1947 in Paris zusammengefunden haben, um über den Marshall-Plan zu diskutieren. Hierbei stellte sich eine besondere Aufgabe der österreichischen Wasserkräfte heraus. Es ergab sich nämlich bei den Berechnungen über die Entwicklung des Elektrizitätsverbrauches der einzelnen Staaten und den Auseinandersetzungen über die Möglichkeiten, den errechneten Bedarf zu decken, die vielleicht nur in Österreich selbst nicht überraschende Tatsache, daß die Elektrizitätswirtschaftsbilanz Österreichs vom Wasserkraftausbau her gesehen positiv ist, d. h., daß sie einen beträchtlichen Exportüberschuß ermöglicht.

In Parenthese: Dies bedeutet nicht, daß die gesamte Energiewirtschaft Österreichs als autark

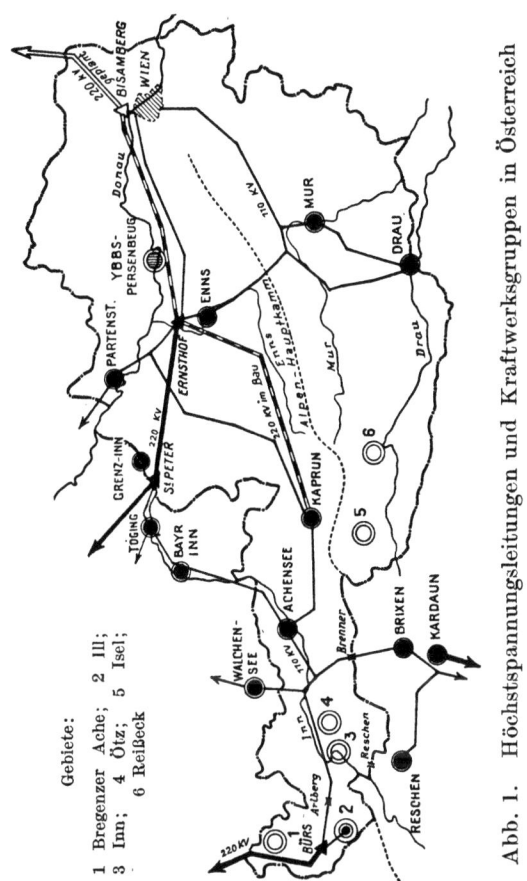

Abb. 1. Höchstspannungsleitungen und Kraftwerksgruppen in Österreich

Gebiete:
1 Bregenzer Ache; 2 Ill;
3 Inn; 4 Ötz; 5 Isel;
6 Reißeck

herausgestellt werden kann. Selbst wenn man die eigene Kohlenförderung, die derzeit den Jahresertrag von rund drei Millionen Tonnen liefert, als um 30% erhöhbar ansieht, so wird immer noch ein nicht unerheblicher Kohlenimport in Österreich notwendig sein. Dieser könnte allerdings, sowohl kalorienmäßig als auch wertmäßig gesehen, mit den Exportüberschüssen der Erdölfelder Österreichs ausgeglichen werden; ja, nach Berechnungen der österreichischen Fachleute würde sich sogar ein nicht unbeträchtlicher Überschuß zugunsten der Ausfuhrbilanz Österreichs ergeben, wenn Österreich die normale nationale Verfügungsberechtigung über die Produktion dieser Erdölfelder hätte.

Österreich ist das an Wasserkräften reichste Land Mitteleuropas. Vergleichsweise steht dem Wasserkraftvermögen der Schweiz von etwas über 20 Milliarden kWh jährlich (d. i. rund 5000 kWh pro Kopf und Jahr) ein Jahresarbeitsvermögen der Wasserkräfte Österreichs von mehr als 40 Milliarden kWh (d. i. 6000 kWh/Kopf und Jahr) gegenüber; und während in der Schweiz etwa die Hälfte der verfügbaren Wasserkräfte ausgebaut ist, sind in Österreich bisher nur Wasserkraftanlagen mit einem Jahresarbeitsvermögen von 4·8 Milliarden kWh (= 12%) in Betrieb.

Nach der Befreiung Österreichs sind hier ebenso wie in allen übrigen Staaten Europas Untersuchungen eingeleitet worden, wie man die unter den Kriegsfolgen schwer leidende Elektrizitätswirtschaft neu ordnen könne und in welche Richtung man die Entwicklung treiben müsse. Diese Untersuchungen gingen von der wirtschaftsgeographischen Tatsache aus, daß im Raume Linz—Graz— —Wien zwei Drittel der österreichischen Bevölkerung und ihrer Wirtschaftskapazität zusammengeballt sind, deren Elektrizitätsbedarf aus den Wasserkräften der Bundesländer östlich des Meridians von Salzburg, selbst in ferner Zukunft, voll gedeckt werden kann, ohne hierbei auf die Wasserkräfte der Donau greifen zu müssen. Diese

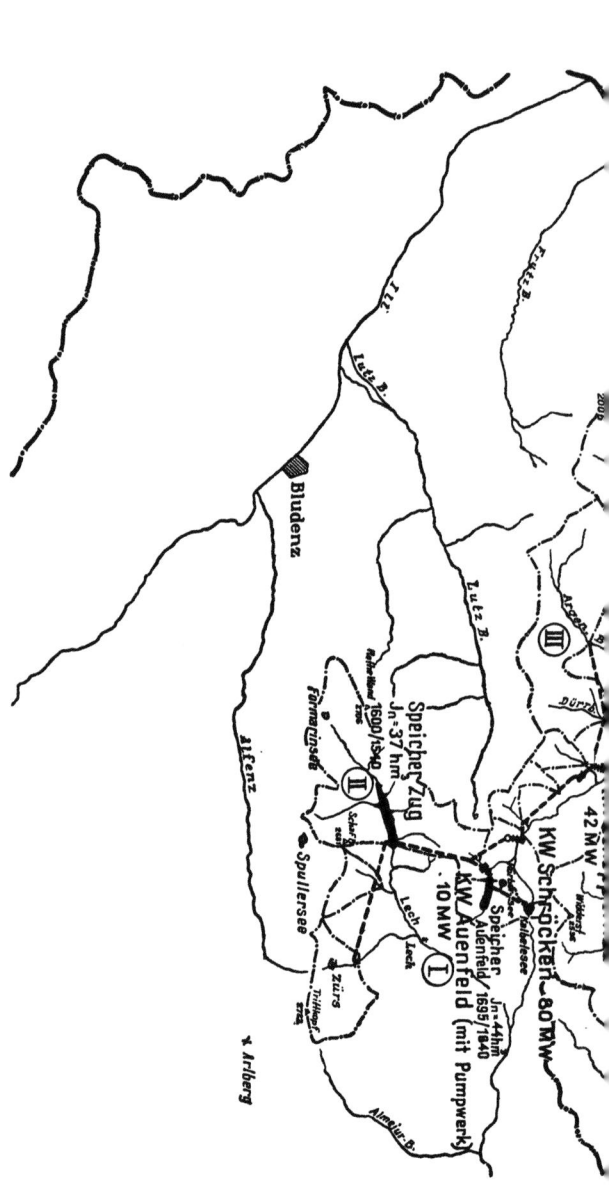

Abb. 2. Projekte an der Bregenzer Ache, Lageplan. Entwurfslage Frühjahr 1948

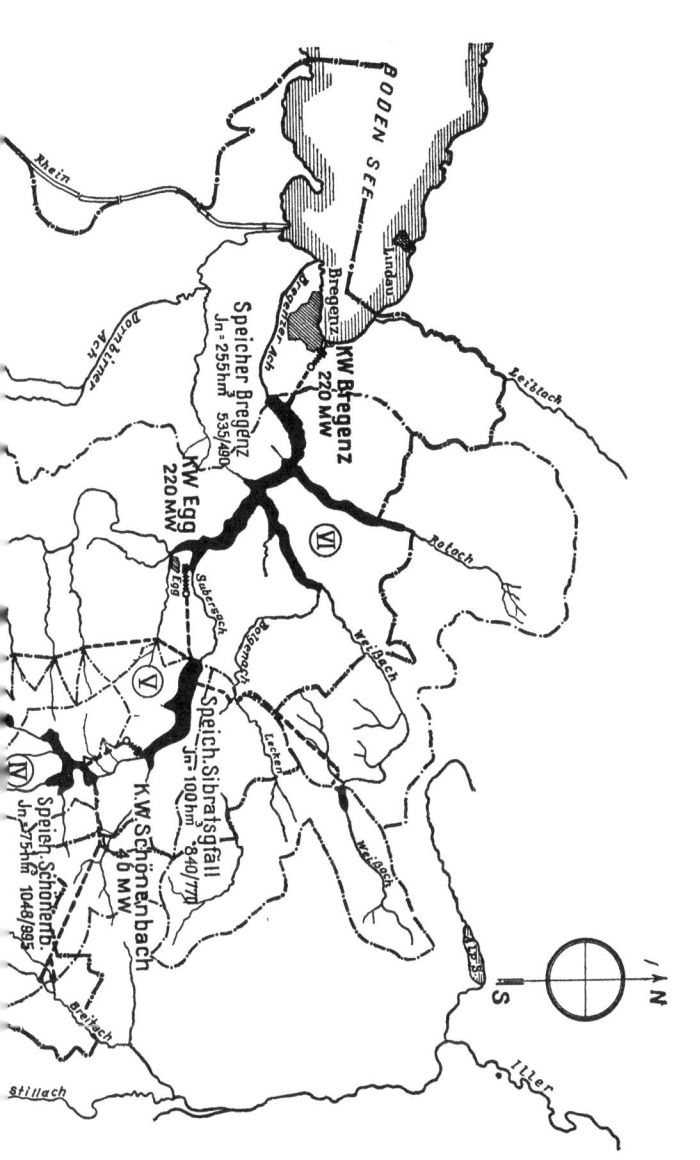

ergeben ein Jahresarbeitsvermögen von beachtlicher jährlicher Ausgeglichenheit in der Größenordnung von 10 bis 12 Milliarden kWh (Tabelle 1 — bisher wurden keine Donaukraftwerke ausgebaut) und auch die Wasserkräfte der beiden westlichen Bundesländer liefern etwa die gleiche Energiemenge, wobei hier in hohem Maße Winterspeicher zur Verfügung stehen.

Die Donau-Wasserkräfte fallen fast genau in dem Raum zwischen der eingangs erwähnten östlichsten und der mittleren Nord Süd-Verbindung an. Sie sind daher vorzugsweise nach dem Norden orientiert. Die Wasserkräfte im westlichen Österreich hingegen gehören zum größeren Teil dem Zentralkamm der Alpen an, zum Teil liegen sie sogar südlich der Hauptkette. Sie sind daher geographisch gesehen sowohl nach dem Norden wie auch nach dem Süden hin orientiert. Aus dieser geographischen Lage heraus sind heute bereits vier 100-kV-Leitungen entstanden, von denen drei nach dem Norden und eine nach dem Süden gehen.

Bei den erwähnten Pariser Besprechungen hat sich nun nicht nur ein erheblicher Energiebedarf des Nordwestens Europas (Westdeutschland, Frankreich, Beneluxstaaten), sondern auch des Südens (Italien) herausgestellt; es erscheint daher nichts näherliegend, als dem exportorientierten Wasserkraftreichtum der beiden westlichsten österreichischen Bundesländer eine zentrale und ausgleichende Rolle in der europäischen Elektrizitätswirtschaft zuzuweisen, die sich fast von selbst ergibt, wenn die Pläne verwirklicht werden, die schon seit mehreren Jahren hinsichtlich eines Energieaustausches von Oberitalien bis zum Gebiet des Niederrheins gesponnen werden. Sobald ein entsprechender leistungsfähiger Leitungsstrang als Fortsetzung der Verbindung Rhein—Südwestdeutschland über die Alpen nach Südtirol verläuft, werden die Sommer-

Tabelle 1. Generalplan der Alpen-Elektrowerke A. G. für die österreichische Donau. (1944.)

Stufe	Rück-stau-bereich km	Rohfall-höhe m	Lei-stung MW	Jahres-arbeit Mio kWh
Aschach	67	26·5	450	2200
Puchenau	24	9·0	125	800
Mauthausen	23	7·0	110	700
Wallsee	21	6·5	110	700
Ybbs-Persenbeug	34	9·5	160	1000
Melk	24	7·0	120	750
Dürnstein	27	8·5	150	900
Altenwörth	27	9·5	160	1000
Greifenstein	32	9·5	160	1000
Wien-Ostbahnbrücke	25	6·5	120	750
Hainburg	41	10·5	220	1200
Gesamtentwurf (11 Stufen)	345	110·0	1880	11000

energien nach dem Norden und die Winterenergien auf der gleichen Leitung nach dem Süden verlagert werden können.

Die für diese Aufgabe in Betracht kommenden Wasserkräfte Vorarlbergs und Tirols sollen nun, am Bodensee beginnend, kurz beschrieben werden. Vorangesetzt sei, daß die technischen Untersuchungen der Flußgebiete schon in den Zwanzigerjahren begonnen wurden und heute die verschiedenen Möglichkeiten schon weitgehend abgeklärt sind; in den einzelnen Gebieten allerdings verschieden gut, je nach dem Interesse, das in der Zwischenkriegszeit von seiten verschiedener ausländischer Unternehmungen für die betreffenden Gebiete wirksam geworden ist.

Am weitesten vorgelagert nach dem Nordwesten und bisher am wenigsten untersucht ist das Gebiet der Bregenzer Ache, die die nördliche Hälfte des Landes Vorarlberg entwässert und

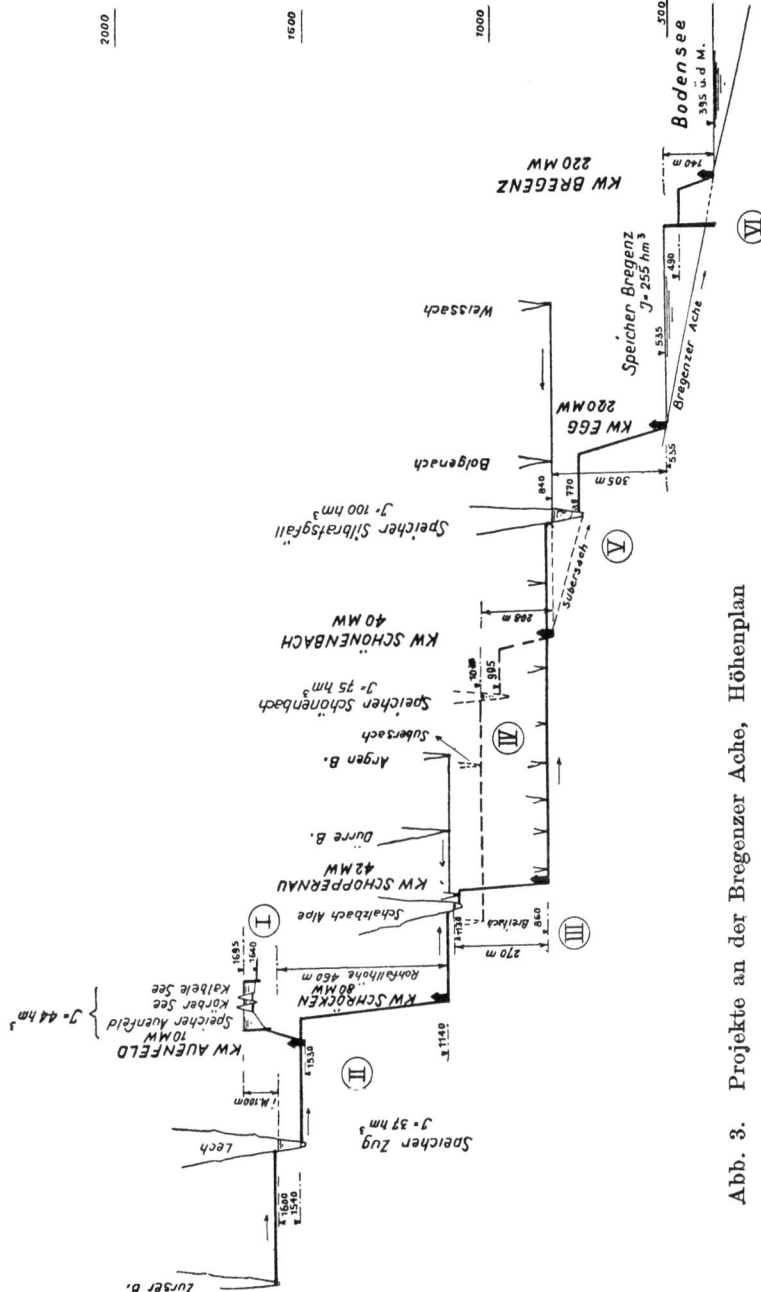

Abb. 3. Projekte an der Bregenzer Ache, Höhenplan

bei Bregenz unmittelbar in den Bodensee mündet. Ihre Abflußverhältnisse sind, da ihr Gebiet zum großen Teil schon dem Voralpenland angehört und von den Witterungsverhältnissen des europäischen Westens bereits stark beeinflußt ist, nicht mehr so extrem wie in den Hochalpen; immerhin entfallen auf die sechs Sommermonate noch fast drei Viertel des Jahresabflusses. Vorarlberg gehört übrigens zu den regenreichsten Gebieten Österreichs, mit einem durchschnittlichen Niederschlag von 2000 mm im Jahr und darüber. (Siehe nebenstehende Tabelle 2.)

In dem Gebiet der Bregenzer Ache sind mehrere große Stauräume nutzbar zu machen: Zwei Hochspeicher in der Höhe zwischen 1600 bis 1700 m, die, soweit die bisherigen Planungen ergaben, hydraulisch miteinander verbunden werden können; ein Speicher in 1000 m Höhe; ein Speicher in der Meereshöhe von 800 m und schließlich zuletzt ein Speicher im Unterlauf mit einer größten Stauhöhe, die 140 m über dem Spiegel des Bodensees liegt. Der nutzbare Stauraum dieser Speicher wird rund 500 Millionen m^3 betragen mit einem Energieinhalt von mehr als 400 Millionen kWh. In den vorgesehenen sechs Kraftwerken ergibt sich ein Jahresarbeitsvermögen von 1 Milliarde kWh, mit einem Winteranteil von rund 65%.

Das nächste wichtige Gebiet ist das südlich anschließende Illgebiet, dessen Ausbau mit dem Zustandekommen der wiederholt erwähnten 220-kV-Leitung zwischen Unterrhein und Alpen zusammenfällt. Der Ausbau ist vor 20 Jahren in Angriff genommen worden und steht heute bei der Inbetriebsetzung der dritten nach einem einheitlichen Ausbauplan errichteten Kraftstufe (Rodund.) (Siehe nebenstehende Tabelle 3.)

Ein viertes Kraftwerk, Latschau, steht vor der Vollendung. Nach seiner Inbetriebnahme werden

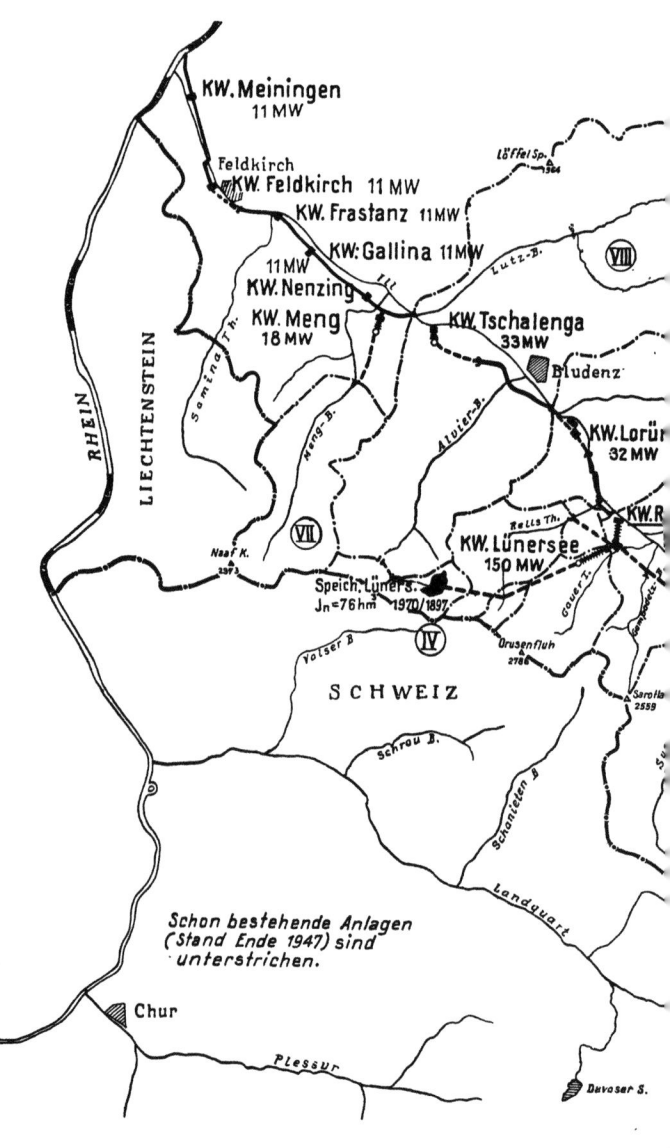

Abb. 4. Vorarl

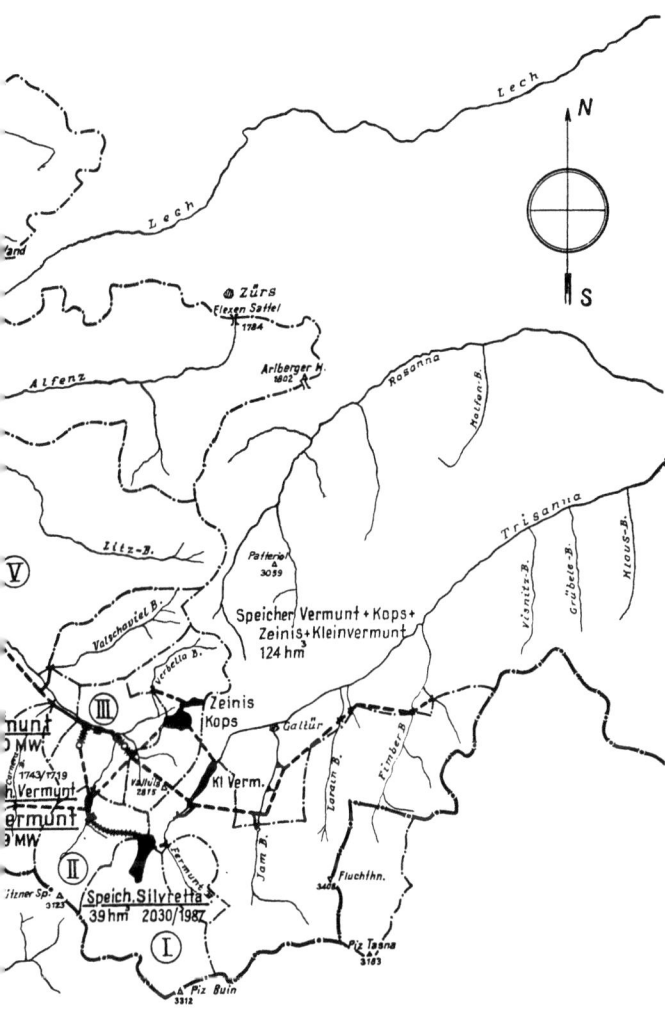

verke, Lageplan

Tabelle 2. Projekt der Vorarlberger Kraftwerke A. G. für die Bregenzer Ache.

Nr.	Kraftwerk (Großspeicher)	Rohfallhöhe m	Leistung MW	Arbeitsvermögen			Speicherinhalt	
				Wi Mio kWh	So Mio kWh	Jahr Mio kWh	hm³	Mio kWh
I	Auenfeld (Auenfeld)	100	10	9	0	9	44	99
II	Schröcken (Zug)	460	80	84	20	104	37	76
III	Schoppernau	270	42	62	51	113		
IV	Schönenbach (Schönenbach)	208	40	41	17	58	75	90
V	Egg (Sibratsgfäll)	305	220	231	165	396	100	83
VI	Bregenz (Bregenz)	140	220	217	99	316	255	63
Zusammen	6 Kraftwerke 5 Speicher	1483	612	644	352	996	511	411

Tabelle 3. Ausbaustand Ende 1947 der Vorarlberger Illwerke.

Nr.	Kraftwerk (Großspeicher)	Rohfallhöhe m	Ausbaufließe m³/s	Leistung MW	Arbeitsvermögen			Speicherinhalt	
					Wi Mio kWh	So Mio kWh	Jahr Mio kWh	hm³	Mio kWh
I	Obervermunt (Silvretta)	281	14	29	22	23	45	31	87
II	Vermunt (Vermunt)	718	22	116	85	95	180	5	11
III	Rodund	384	45	135	93	252	345		
Zusammen	3 Kraftwerke 2 Großspeicher	1383	—	280	200	370	570	36	98

die vier Kraftwerke eine Jahreserzeugung von 630 Millionen kWh mit einer Leistung von 350 MW aufweisen.

Im weiteren Ausbau stehen an vordringlicher Stelle umfangreichere Wasserüberleitungen aus dem obersten Tiroler Paznauntal, die vorerst in einem Speicher Kops (Stauziel 1809, 44 hm^3 Inhalt; eine Vergrößerung um 10 bis 12 hm^3 durch Erhöhung der Staumauer wird neuerdings diskutiert) zusammengefaßt werden sollen. Erst später werden noch weitere Speicher hinzukommen, deren Kapazität das Speichervermögen des bisherigen Vermuntwerkes übersteigen. Ein zweiter Triebwasserweg mit zweistufiger Abarbeitung parallel zum bestehenden Werk wird die Leistung dieser Gruppe nahezu verdoppeln. Den Laufwerken an der mittleren und unteren Ill einschließlich dem Rodundwerk wird ein letzter Großspeicher im Lünersee vorgeschaltet, der von einem Stauziel 1970 m in einer Seitenstufe über fast 1000 m Fallhöhe dem Hauptwasserweg beigeleitet werden soll. Auch diese Stufe wird vordringlich betrieben. (Siehe nebenstehende Tabelle 4.)

Die durchgeführte Gesamtplanung in diesem Talgebiet wird fast zwei Milliarden kWh erschließen, dank der zahlreichen Großspeicher mit einem Winteranteil von 55 %.

Östlich des Arlbergs schließt zunächst das Gebiet des Innflusses an, dessen Ausnutzung von der Grenze bei Martinsbruck bis zur Mündung der Ötztaler Ache in zwei Kraftstufen unter Heranziehung eines Seitenbaches, des Kaunertales, zur Anlage eines Großspeichers bereits eingehend untersucht worden ist. Der Ausbau wird ganz erheblich von den Absichten beeinflußt, die hinsichtlich der Ausnutzung des Inn und insbesondere seines Nebenflusses (des Spölbaches) auf schweizerischem und italienischem Gebiet bestehen, wo zwei Spei-

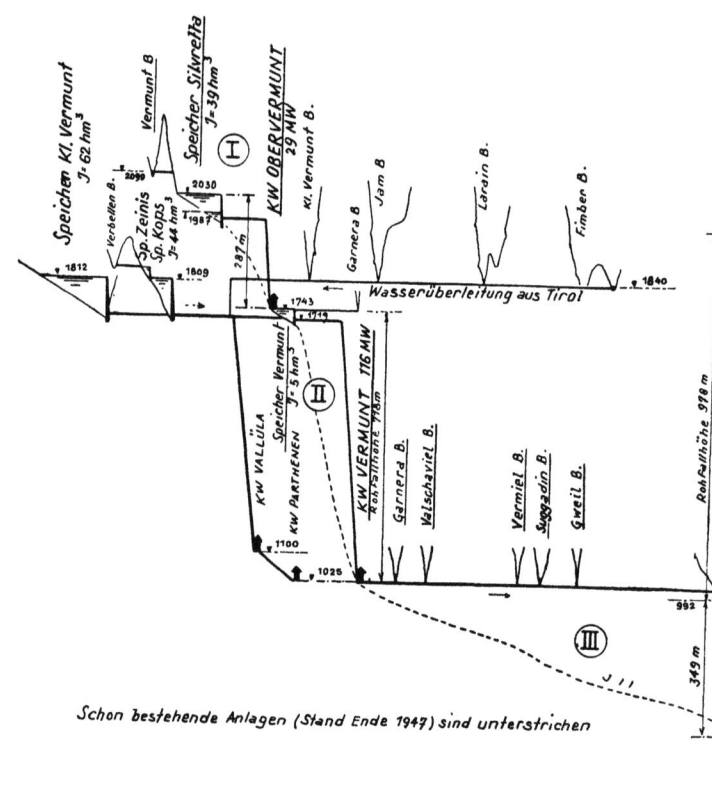

Abb. 5. Vorarlb

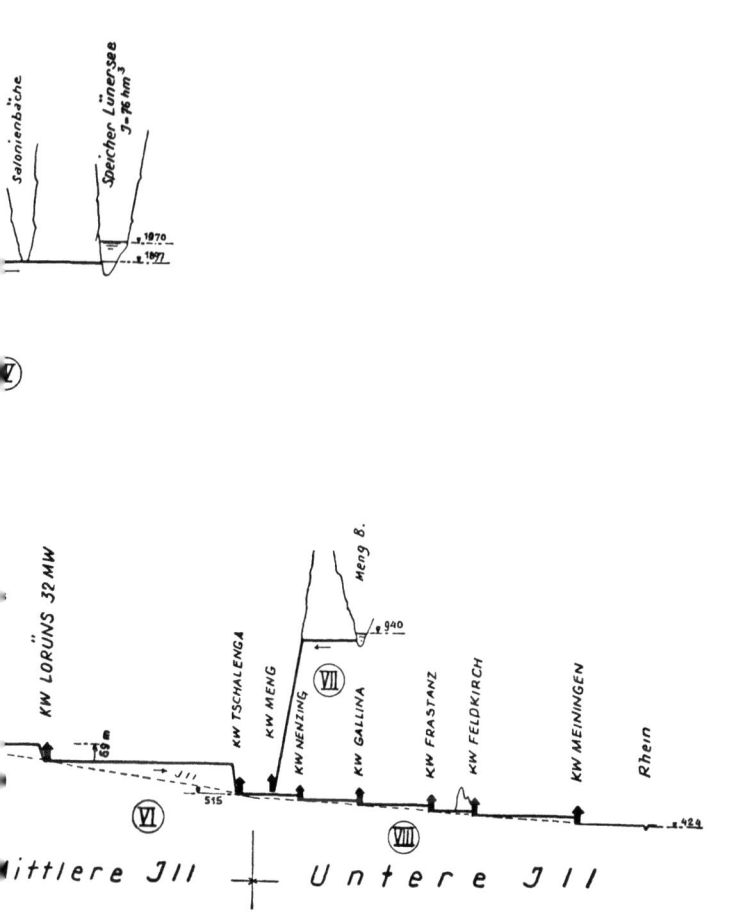

erke, Höhenplan

Tabelle 4. Gesamtprojekt der Vorarlberger Illwerke A. G. für den Illausbau.

Nr.	Kraftwerk (Großspeicher)	Rohfallhöhe m	Ausbaufließe m³/s	Leistung MW	Arbeitsvermögen Wi Mio kWh	Arbeitsvermögen So Mio kWh	Arbeitsvermögen Jahr	Speicherinhalt hm³	Speicherinhalt Mio kWh
I	Obervermunt (Silvretta)	287	14	29	26	19	45	39	130
II	Vermunt (3 Werke) (Kops, Zeinis, Kleinvermunt, Vermunt)	718	40	216	310	226	536	124	342
A III	Latschau	18	40	9	10	15	25		
III	Rodund	349	60	170	297	234	531		
IV	Lünersee (Lünersee)	978	20	150	156	0	156	76	244
V	Lorüns	69	60	32	64	77	141		
VI	Tschalenga	62	70	33	66	97	163		
VII	Mengwerk	400	6	18	17	52	69		
VIII	5 Stufen Untere Ill	85	80	55	107	180	287		
Zusammen	15 Kraftwerke 6 Großspeicher	1588	—	712	1053	900	1953	239	716

cher mit zusammen 628 Millionen m³ Nutzraum diskutiert werden. Von ihrer Verwirklichung wird die Auslegung der österreichischen Stufen wesentlich beeinflußt werden. Zwei Stufen im Kaunertal und die beiden am Hauptfluß ergeben zusammen ein Jahresarbeitsvermögen bis zu 1600 Millionen kWh, je nachdem, wieviel Speicherraum im Oberlauf zur Verwertung sommerlichen Überschußwassers erschlossen werden wird; weitere sechs mögliche Stufen in diesem Gebiet ergeben zusätzlich 1000 Millionen kWh. Ohne die Speicher im oberen Einzugsgebiet des Inn entfallen 35 bis 40% dieser Darbietung auf den Winter; nach der Errichtung der erwähnten Speicher wird praktisch Jahresausgleich der Energiedarbietung erreichbar sein. (Siehe nebenstehende Tabelle 5.)

In vielen Varianten durchprojektiert sind die Wasserkräfte des Ötzgebietes, deren Ausbau während des Krieges im Zusammenhang mit der geplanten Errichtung einer großen Luftfahrtforschungsanstalt in Angriff genommen wurde; der Bau mußte allerdings gegen Kriegsende eingestellt werden. Die für diese Anstalt bereits aufgestellten Maschinen und sonstigen Installationen sind wieder abgetragen worden. Der Ausbau der Ötztaler Ache ergibt in seiner Gesamtheit ein Jahresarbeitsvermögen von rund 2 Milliarden kWh mit einem Winteranteil von 60%, der durch vier größere Winterspeicher in den obersten Regionen des Gebietes gewährleistet wird. Es handelt sich um folgende Speicher:

a) im Ventertal, Stauziel 1980 m, Nutzraum 120 Millionen m³;

b) bei Zwieselstein, Stauziel 1580 m, Nutzraum 120 Millionen m³;

c) im Fischbachtal, Stauziel 2230 m, Nutzraum 70 Millionen m³;

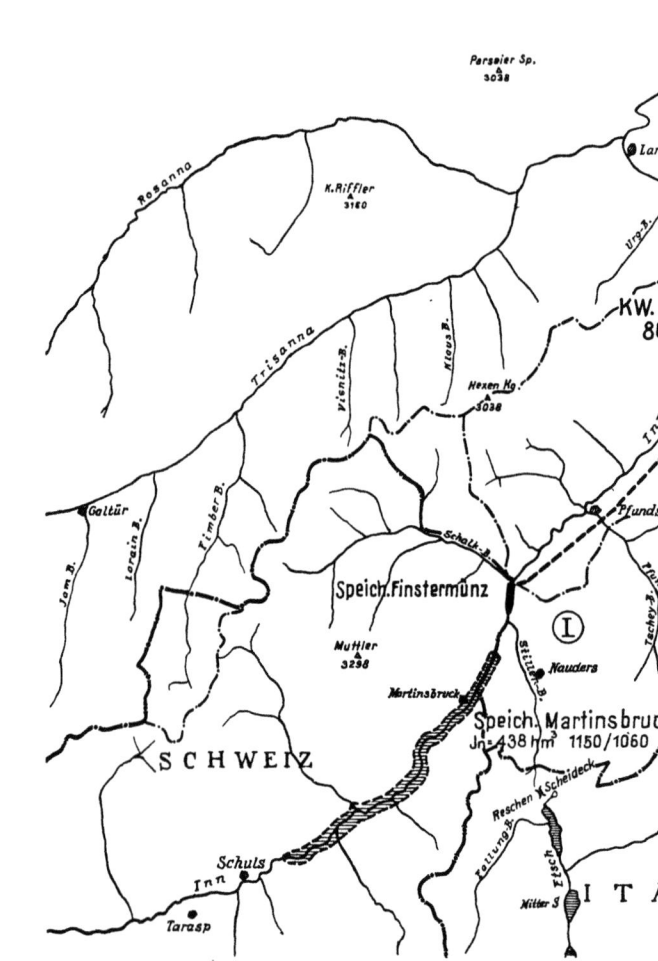

Abb. 6. Kraftwerkspr

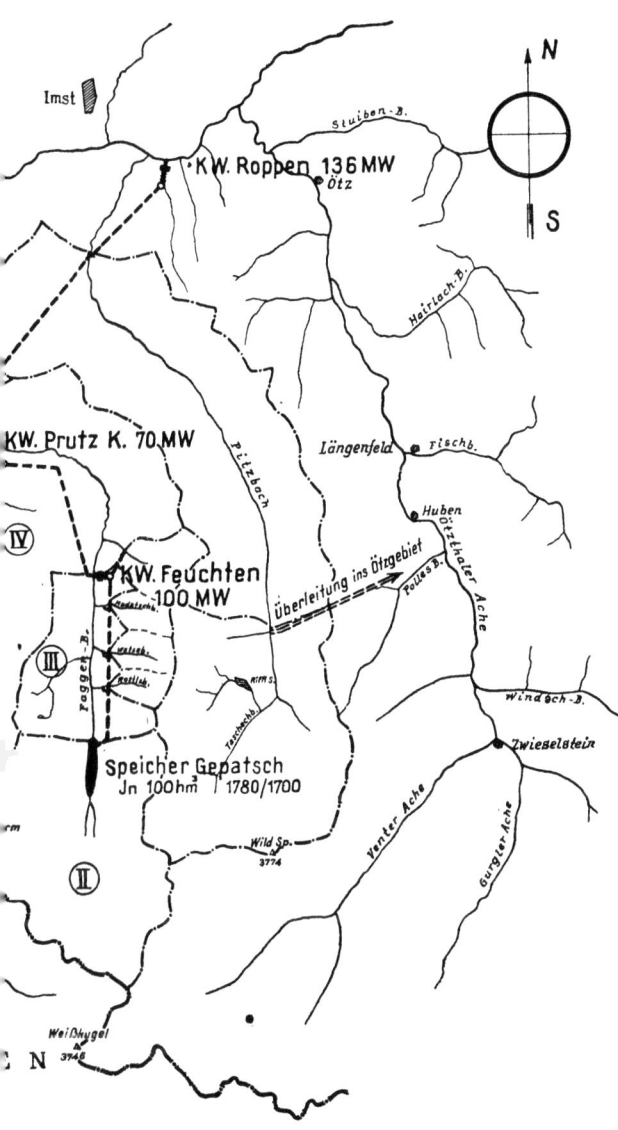

Oberen Inn, Lageplan

Tabelle 5. Projekte für den Oberen Inn.

Nr.	Kraftwerk (Großspeicher)	Rohfallhöhe m	Ausbaufließe m³/s	Leistung MW	Arbeitsvermögen			Speicherinhalt	
					Wi Mio kWh	So Mio kWh	Jahr	hm³	Mio kWh
I	Prutz-Inn	142	88	86	98	289	387		
II	Feuchten (Gepatsch)	474	27	100	112	41	153	100	222
III	Prutz-Kaunertal	430	20	70	113	57	170		
IV	Roppen	161	116	136	186	447	633		
Zusammen	4 Kraftwerke 1 Großspeicher	1065	—	392	509	834	1343	100	222
	Desgleichen mit den Speichern Livigno u. Martinsbruck	1065	—	392	837	772	1609	728	586

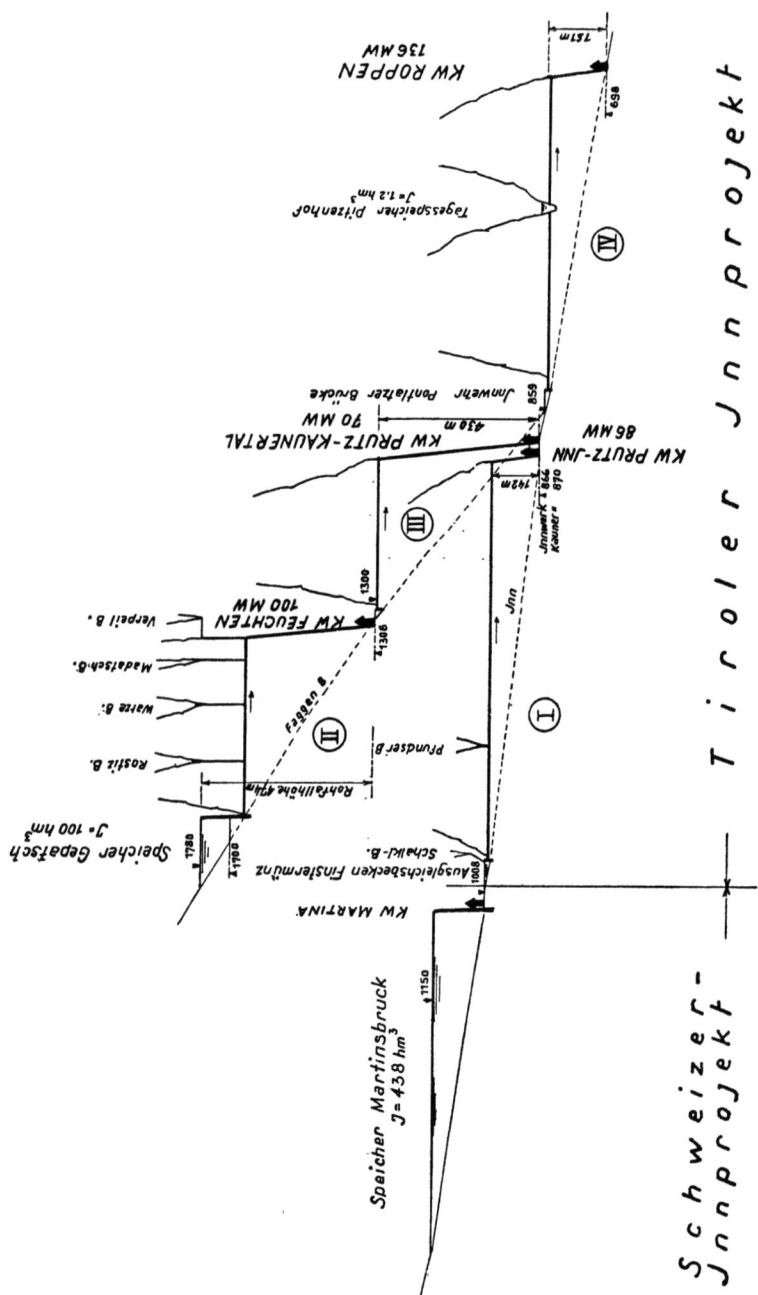

Abb. 7. Projekte am Oberen Inn, Höhenplan

d) Finstertaler-Seen, Stauziel 2330 m, Nutzraum 65 Millionen m³.

Im Ötztal selbst sind vier Stufen und in den Seitentälern unter den beiden letztgenannten Speichern ebenfalls vier Stufen geplant. Es bestehen umfangreiche Baustelleneinrichtungen noch vom Bau der beabsichtigten Stufe und der Luftfahrtforschungsanstalt. Ein Teil der Wasserführungsstollen und ein Druckschacht sind vollkommen ausgebrochen. Die neuen Planungen haben dies berücksichtigt. Sie konzentrieren sich vor allem auf die begonnene Ötz-Unterstufe, die Ötz-Mittelstufe und die Fischbach-Stufe. Die Gestaltung der Ötz-Oberstufe (I) sowie der Finstertaler Stufen (V) ist Gegenstand noch laufender Untersuchungen; in den hier wiedergegebenen Plänen und in der Tabelle ist nur der bereits fester umrissene erste Ausbau aufgenommen. Er soll immerhin schon fast 1500 Millionen kWh mit einem Winteranteil von vorerst 45 % erschließen. (Siehe umstehende Tabelle 6.)

Südlich des Hauptkammes der Alpen ist das Iselgebiet in Osttirol von besonderem Interesse für die Ableitung nach Süden, da die Mündung der Isel in die Drau bei Lienz in der Luftlinie nur etwa 30 km vom Kreuzbergpaß entfernt ist, über den die Straße von Innichen nach S. Stefano führt. Das Iselgebiet ist durch drei Speicher ausgezeichnet: der eine liegt im obersten Tauerntal im Innergschlöß und ergibt mit einem Stauziel in 1774 m Höhe einen Stauraum von 90 Millionen m³; der zweite liegt im gleichen Tal etwa 200 m tiefer und ergibt mit einem Stauziel auf 1595 m einen Stauraum von 120 Millionen m³; der dritte ober der Dabaklamm im Kalsertal bietet mit einem Stauziel 1730 m einen Stauraum von 100 Millionen m³ (dieser Stauraum gehört zu den besten der Ostalpen). Da an der Iselmündung das Unter-

Tabelle 6. Projekte für den ersten Ausbau der Ötz.

Nr.	Kraftwerk (Großspeicher)	Rohfallhöhe m	Ausbaufließe m³/s	Leistung MW	Arbeitsvermögen			Speicherinhalt	
					Wi Mio kWh	So Mio kWh	Jahr	hm³	Mio kWh
II	Ötz-Mittelstufe (Zwieselstein)	344	45	130	114	174	288	122	228
III	Fischbach (Fischbach)	996	22	177	155	38	193	70	228
IV	Ötz-Unterstufe, 2 Werke	566	90	416	366	584	950		
Zusammen	4 Kraftwerke 2 Großspeicher	1562	—	723	635	796	1431	192	456

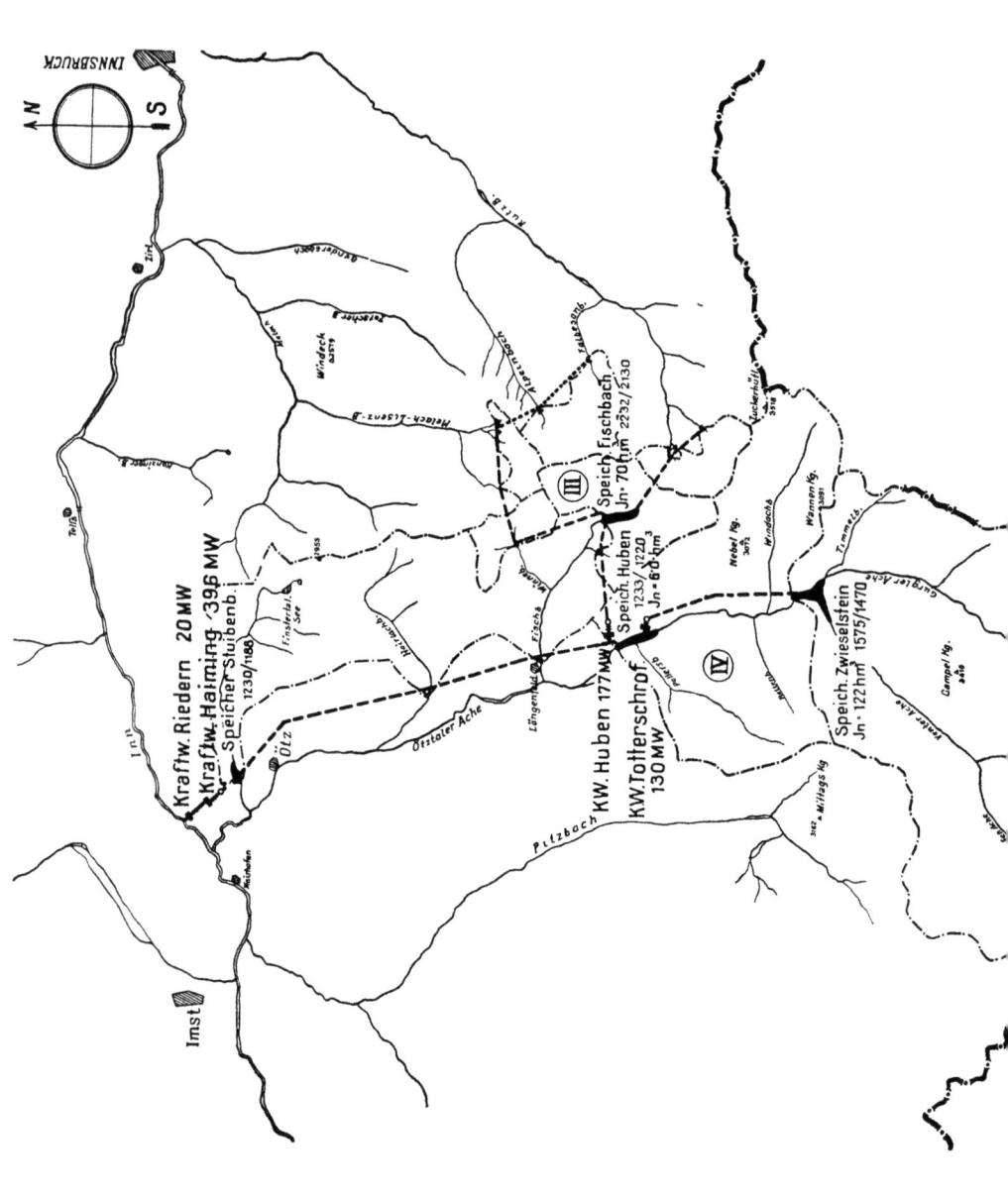

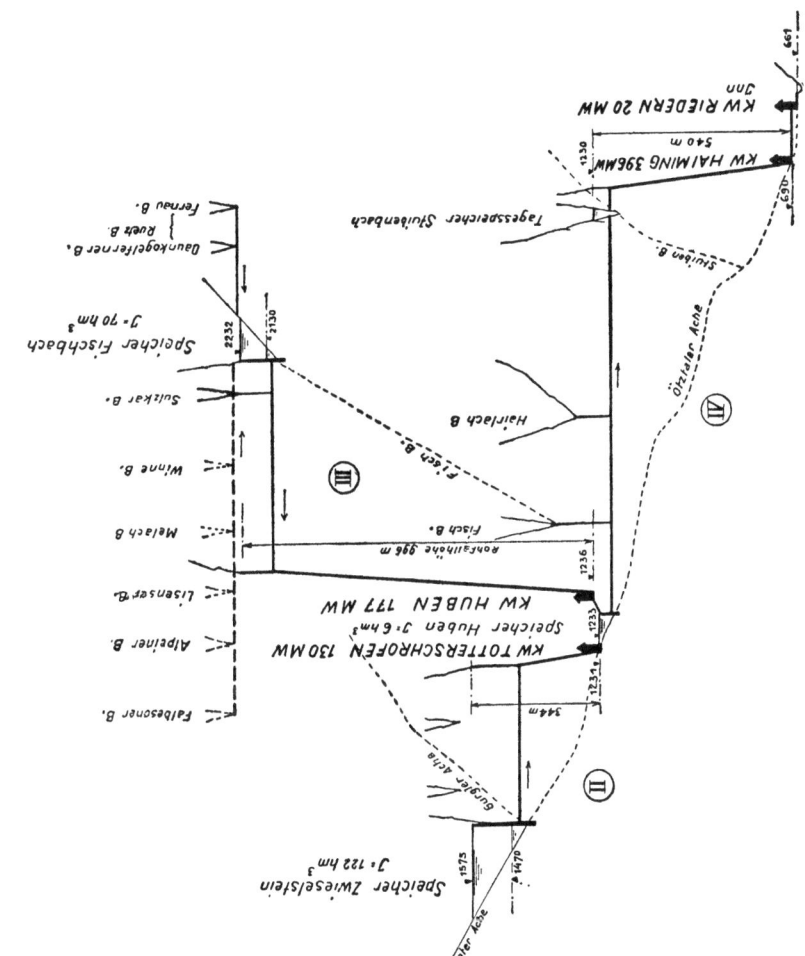

Abb. 8. Ötzprojekt, Lageplan für den ersten Ausbau

Abb. 9. Ötzgebiet, erster Ausbau, Höhenplan

wasser etwa in der Höhe von 685 m über dem Meeresspiegel liegt, beträgt der Energieinhalt dieser drei Speicher rund 640 Millionen kWh.

Die Planungen im Iselgebiet haben seit jeher nur einen Teil der Untersuchungen gebildet, die hinsichtlich der Ausnutzung der Wasserkräfte der Hohen Tauern angestellt worden sind, deren südwestlichen Teil sie bilden. Der Speicher bei Innergschlöß wurde dabei auch mit nördlichen Tauernabflüssen gekoppelt und einer Abarbeitung nach dem Norden zugeordnet. Diese Zuordnung ist sehr wichtig, weil im Gebiet der hierfür in Frage gezogenen nördlichen Abflüsse keine ausreichenden Großspeicher zur Verfügung stehen, während die beiden übrigen Speicher des Iselgebietes zum Ausgleich seiner Energiedarbietung hinreichen. Wird der oberste Speicher im Tauerntal der Ausnutzung gegen Süden zugewiesen, so müßte man zu seiner verläßlichen Füllung auch im Trockenjahr (im Regeljahr genügt gerade das eigene Einzugsgebiet) ein bescheidenes Areal von der Nordseite durch den Tauernkamm beileiten. Die Übereinanderordnung der beiden Speicher Innergschlöß und Tauerntal ergäbe zudem eine treffliche Gelegenheit für eine Pumpspeicherung. Eine neuere Planung, die diesem Gedanken Rechnung trägt, ergibt für einen fünfstufigen Ausbau des Iselgebietes ein Jahresarbeitsvermögen von 1 Milliarde kWh mit einem 80%igen Winteranteil. (Siehe umstehende Tabelle 7.)

In jüngster Zeit wurde eine Variante für den Ausbau des Iselgebietes bearbeitet, die aus dem Speicher im Dorfertal eine Wasserkraftkombination mit Anlageverhältnissen entwickelte, die jenen der bekannten Kraftanlage Kaprun auf der Tauernnordseite sehr ähnlich sind. Der Stauraum ist etwas niedriger ausgelegt als bei den früheren Untersuchungen (Stauziel 1712 m, Stauraum 70 Millionen m^3). Er wird aber ergänzt durch eine

Tabelle 7. Projekt der Österreichischen Elektrizitätswirtschafts A. G. für Osttirol.

Nr.	Kraftwerk (Großspeicher)	Rohfallhöhe m	Ausbaufließe m³/s	Leistung MW	Arbeitsvermögen			Speicherinhalt	
					Wi	So	Jahr	hm³	Mio kWh
					Mio kWh				
I	Schildalm (Innergschlöß)	180	22	30	37	0	37		
II	Matrei I (Tauerntal)	650	40	200	319	3	322	90	199
III	Matrei II (Dorfertal)	787	24	150	195	8	203	120	220
IV	Huben	127	30	30	127	100	227	100	213
V	Pölland	101	40	30	115	106	221		
	Zusammen	1058	—	440	793	217	1010	310	632

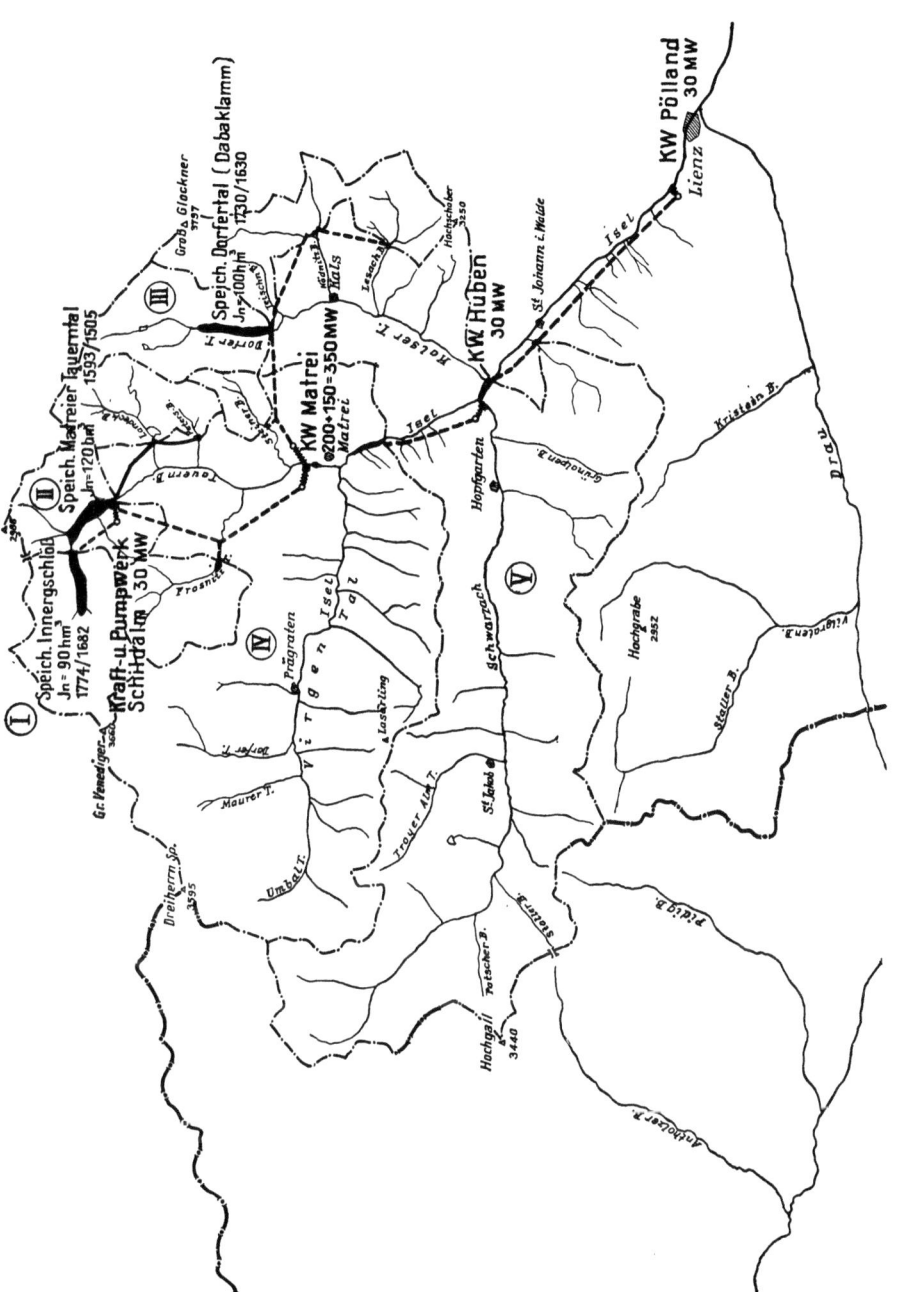

Abb. 10. Kraftwerksprojekte in Osttirol, Lageplan

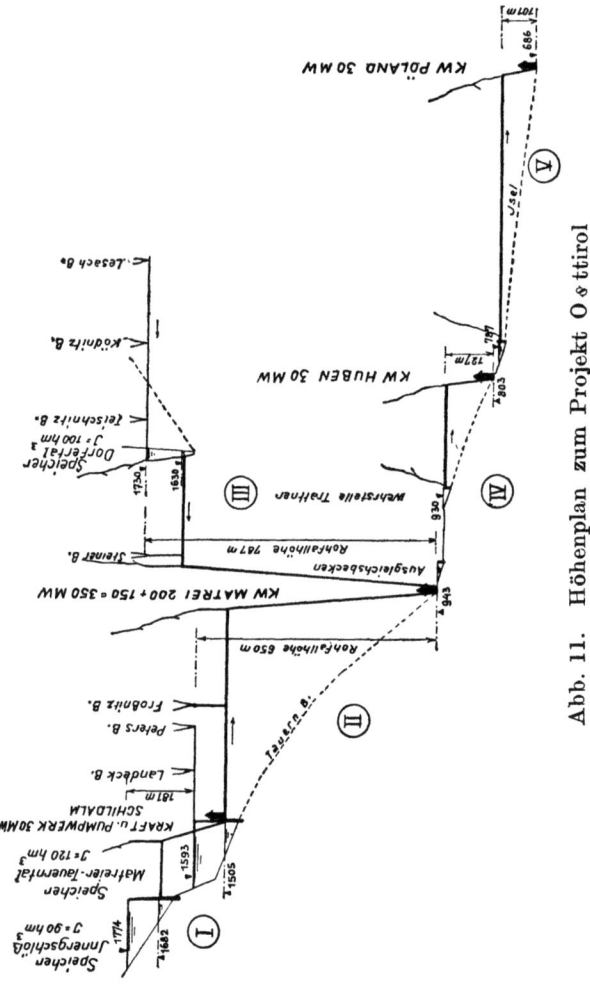

Abb. 11. Höhenplan zum Projekt Osttirol

Nebenstufe im Teischnitztal mit einem Speicher von 8 Millionen m³ Inhalt auf 2200 m Höhe. Man

erhält mit einer direkten Abarbeitung nach Huben eine in sich geschlossene Doppelstufe mit etwa 180 Millionen kWh und 92% Winteranteil, also ein fast reines Winterspeicherwerk. Für beide Speicher kommen Gewölbesperren in Frage.

Zum Schluß sei noch auf ein weiter nach Osten vorgeschobenes Wasserkraftgebiet hingewiesen, das infolge seiner besonders glücklichen geographischen Lage und hydrographischen Eigenheit die Verbindung von Laufwerk und Pumpspeicheranlage ermöglicht, wodurch selbst in trockenen Jahren eine in sich geschlossene Einheit entsteht. (Siehe umstehende Tabelle 8.) Es handelt sich um die Gewässer der Reißeck- und Kreuzeckgruppe zu beiden Seiten des Mölltales, für die auf einem Horizont von rund 2300 m über dem Meeresspiegel in vier Karseen zwischen Sonnblick, Reißeck und Hoher Leier Speicher zur Verfügung stehen, die mit mehr als 1700 m Fallhöhe bis zum Mölltal ausgenutzt werden können, durch das eine elektrisch betriebene Hauptbahnlinie führt. Das einzige Krafthaus dieser Werksgruppe liegt knapp 1 km von der Bahnstation Kolbnitz entfernt. Das Jahresarbeitsvermögen der Werksgruppe beträgt rund 200 Millionen kWh, wobei der Bedarf an Pumpspeicherenergie zur Füllung der Stauräume bereits in Abzug gebracht worden ist. Die Verfügung über die Pumpenergie und die erforderliche Pumpwassermenge gestattet hier die Speicherfähigkeit der Karseen auf das äußerste wirtschaftlich noch vertretbare Maß zu steigern und damit trotz der Verbindung mit einem Laufwerk das Winterdargebot auf 60% zu bringen.

Mit diesen vorstehend kurz beschriebenen weitgehend abgeklärten Wasserkraftplanungen wird ein Jahresarbeitsvermögen von 9 Milliarden kWh entwickelt. Darüber hinaus stehen insbesondere im Lechgebiet, im nordwestlichen Teil von Tirol,

Tabelle 8. Projekt der Kärntner Landes-Elektrizitäts A. G. für das Reißeckwerk.

Kraftwerk (Großspeicher)	Rohfall-höhe	Ausbau-fließe	Leistung	Arbeitsvermögen			Speicherinhalt	
				Wi	So	Jahr		
	m	m³/s	MW	Mio kWh	Mio kWh		hm³	Mio kWh
Speicherstufe..........	1772	4·75	60	67	0	67	18	64
Laufwerkstufe.........	600	5·0	40	52	124	176		
Ab Pumpenenergie.....					—27			
Nutzbar...............				52	97	149		
Zusammen......	1772	—	100	119	97	216	18	64

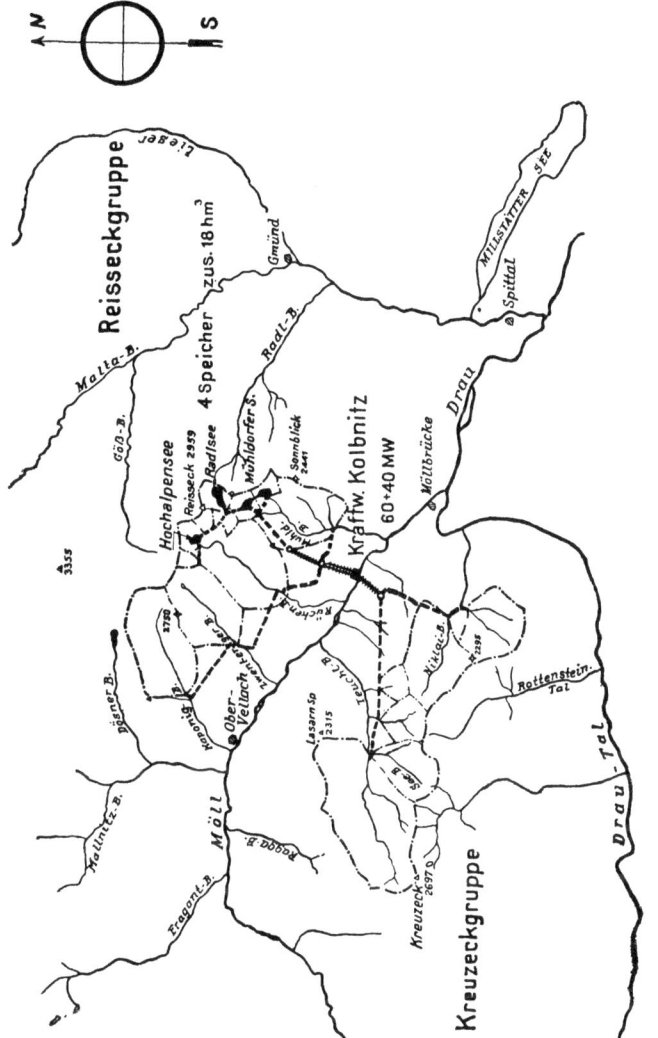

Abb. 12. Lageplan des projektierten Reißeckwerkes

ferner am Inn selbst und im Wipptal Wasserkräfte zur Verfügung, die noch ein weiteres Arbeitsver-

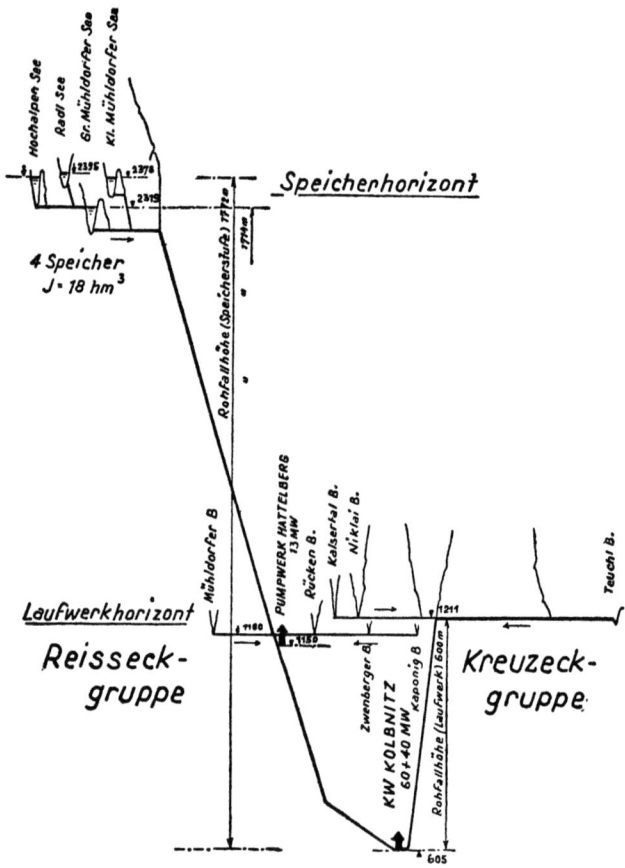

Abb. 13. Höhenplan des Reißeckwerkes

mögen von schätzungsweise 3 Milliarden kWh ergeben.

Die Untersuchungen in den sechs Gebieten, über die hier im vorstehenden eingehendere Angaben gemacht worden sind, sind jedenfalls weit genug getrieben worden, um ihre Ausbauwürdigkeit klar erkennen zu können. Wie groß die einzelnen Anlagen jedoch auszulegen sind, insbesondere hinsichtlich ihrer Leistung, der Kapazität der Wasserführungsanlagen und nicht zuletzt auch der endgültigen Festlegung der Stauraumgrößen, hängt wesentlich von den Bedürfnissen der Netze ab, in die der Strom geliefert werden soll. Es wäre daher müßig, sich über Einzelheiten in dieser Richtung den Kopf zu zerbrechen, ohne die Abnehmer zu kennen, für deren Bedürfnis gearbeitet werden soll.

Wenn die in den letzten Monaten wiederholt und an den verschiedenen Stellen geäußerte Ansicht richtig ist, daß der österreichische Wasserkraftausbau zur Deckung des Energiemankos der übrigen europäischen Staaten herangezog werden soll und an eine Verwirklichung dieses Gedankens in naher Zukunft — also etwa in der Durchführung des Marshall-Planes — gedacht werden soll, so wird es notwendig sein, daß jene Interessenten unmittelbar auf den Plan treten, mit denen zusammen die österreichische Wirtschaft die Projekte weiter entwickeln kann.

Österreich glaubt, aus dem wirtschaftlichen Zusammenschluß Europas und seinem Wiederaufbau mit Hilfe des durch den Marshall-Plan erwarteten Entstehens eines neuen Potentials in manchen Teilen seiner Gesamtwirtschaft Nutznießer zu sein. Es ist sich bewußt, daß man nicht nur nehmen darf, sondern auch geben muß, und es ist bereit, nach seinen Kräften als Gebender zu dem Aufbau Europas beizutragen. Es wird dies möglich sein durch die Ausnutzung der Wasserkräfte, die dafür zur Verfügung stehen.

MIX
Papier aus verantwortungsvollen Quellen
Paper from responsible sources
FSC® C105338

If you have any concerns about our products,
you can contact us on
ProductSafety@springernature.com

In case Publisher is established outside the EU,
the EU authorized representative is:
**Springer Nature Customer Service Center GmbH
Europaplatz 3, 69115 Heidelberg, Germany**

Printed by Libri Plureos GmbH
in Hamburg, Germany